中国少年儿童科学普及阅读文库

探索·科学百科 ™ 中阶

地震灾难

4级C4

TANSUO
KEXUEBAIKE

中国少年儿童科学普及阅读文库

探索·科学百科

[澳]莱斯利·迈法德恩◎著
唐敬尧(学乐·译言)◎译

Discovery
EDUCATION ™

全国优秀出版社
全国百佳图书出版单位
广东教育出版社 学乐

广东省版权局著作权合同登记号

图字：19-2011-097号

本书原由 Weldon Owen Pty Ltd 以书名 *DISCOVERY EDUCATION SERIES · On Shaky Ground*（ISBN 978-1-74252-207-4）出版，经由北京学乐图书有限公司取得中文简体字版权，授权广东教育出版社仅在中国内地出版发行。

图书在版编目（CIP）数据

Discovery Education探索·科学百科. 中阶. 4级. C4，地震灾难/［澳］莱斯利·迈法德恩著；唐敬尧（学乐·译言）译. 一广州：广东教育出版社，2014.1

（中国少年儿童科学普及阅读文库）

ISBN 978-7-5406-9468-5

Ⅰ.①D… Ⅱ.①莱… ②唐… Ⅲ.①科学知识－科普读物 ②地震灾害－少儿读物 Ⅳ.①Z228.1 ②P315.9-49

中国版本图书馆 CIP 数据核字（2012）第167691号

Discovery Education探索·科学百科（中阶）
4级C4 地震灾难

著 [澳]莱斯利·迈法德恩　　译 唐敬尧（学乐·译言）

责任编辑 张宏宇　李　玲　丘雪莹　　**助理编辑** 蔡利超　于银丽　　**装帧设计** 李开福　袁　尹

出版 广东教育出版社

地址：广州市环市东路472号12-15楼　邮编：510075　网址：http://www.gjs.cn

经销 广东新华发行集团股份有限公司　　　　　**印刷** 北京顺诚彩色印刷有限公司

开本 170毫米×220毫米　16开　　　　　　　**印张** 2　　　　**字数** 25.5千字

版次 2016年5月第1版　第2次印刷　　　　　　**装别** 平装

ISBN 978-7-5406-9468-5　　**定价** 8.00元

内容及质量服务 广东教育出版社 北京综合出版中心

电话 010-68910906　68910806　　网址 http://www.scholarjoy.com

质量监督电话 010-68910906　020-87613102　　购书咨询电话 020-87621848　010-68910906

Discovery Education 探索·科学百科（中阶）

4级C4 地震灾难

全国优秀出版社
全国百佳图书出版单位　广东教育出版社　学乐

目录 |Contents

地球内部

地球作为一颗行星，并不单纯是一个由岩石构成的实心球体。在构成地球内圈的四个圈层中，只有内核是完全实心的固体，外核因高热而呈液状。地幔大部分是实心固体，混合着由岩石熔融而成的黏稠流体，即岩浆。地壳是坚硬的岩层，由板块组成，板块之间有许多裂缝和断层。许多神奇多变的地貌，无论是连绵的山脉，还是幽深的断裂谷，都因地壳运动而形成。

地球圈层

地球圈层分为地球外圈和地球内圈两大部分。地球外圈可进一步划分为三个基本圈层，即岩石圈、水圈、大气圈；地球内圈可进一步划分为四个基本圈层，即地壳、地幔、外地核、内地核。

断层线

地壳表面狭长的裂缝，又称断层，图中的断层线贯穿冰岛辛格韦德利地区。

抬升和倾斜

地壳下方的运动可以抬升岩层，并且使得岩层翘起、倾斜。

岩层褶皱

来自两个不同方向的挤压，导致岩层弯曲，产生褶皱。

间歇喷泉

被岩浆炙烤升温后的深层地下水喷出地表，形成间歇喷泉。

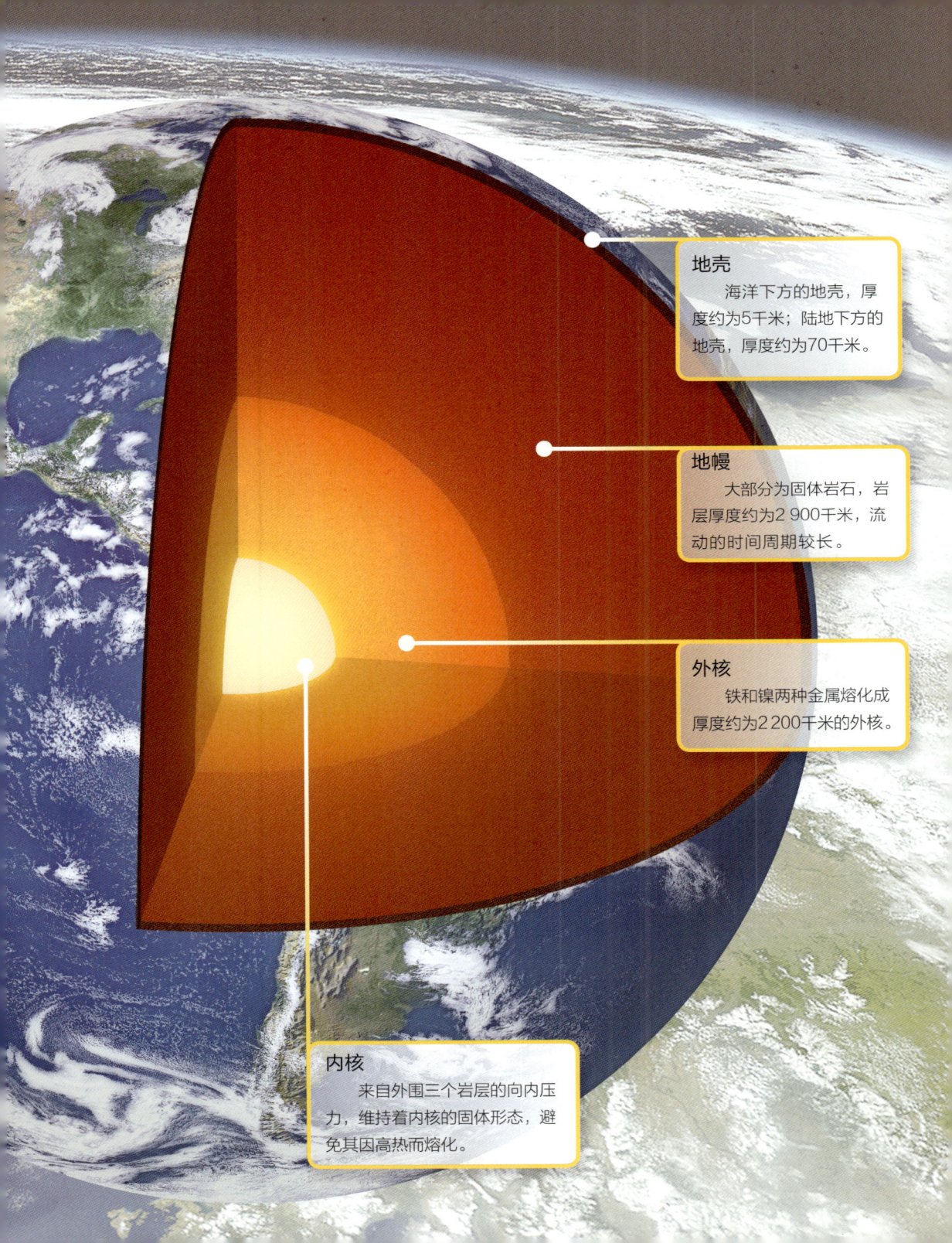

地壳
    海洋下方的地壳，厚度约为5千米；陆地下方的地壳，厚度约为70千米。

地幔
    大部分为固体岩石，岩层厚度约为2 900千米，流动的时间周期较长。

外核
    铁和镍两种金属熔化成厚度约为2 200千米的外核。

内核
    来自外围三个岩层的向内压力，维持着内核的固体形态，避免其因高热而熔化。

构造板块

地壳和上地幔的上部统称为地球岩石圈，它们组成了地球的若干构造板块。这些构造板块是厚度约为100千米的坚硬石板，它们"漂浮"在软流圈熔融的岩层之上，持续不断地移动。七大板块的面积都非常大。大多数的地震和火山喷发都发生在板块交界处。

是真是假？

构造板块的移动速度，和指甲的生长速度一样。这可是真的——板块的移动和指甲的生长，其速度大约都是每年5厘米。

太平洋板块

太平洋海底由太平洋板块构成。海底山脉、火山岛以及像"挑战者深渊"（全球最深处）那样的深海沟，都是由于太平洋板块的运动而产生的。

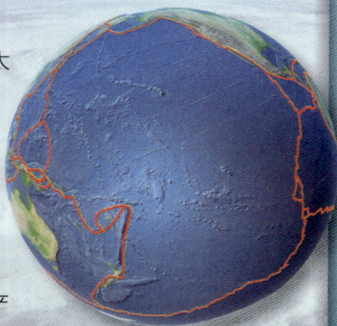

亚欧板块

亚欧板块与其他许多板块相邻。世界最高的山脉喜马拉雅山脉以及阿尔卑斯山脉，都是由于亚欧板块的运动而产生的。

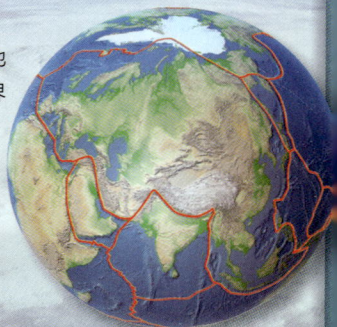

非洲板块

非洲板块一半位于非洲大陆下方，另一半位于印度洋、大西洋和南极洲下方。东非大裂谷和大西洋中脊，都是非洲板块上的特有地貌。

印度洋板块

海岭是印度洋板块西部和南部的地貌特征之一。板块北部和东部的边界，属于环太平洋火山带的一部分，全球有75%的火山分布于此。

南极洲板块

南极洲板块与其他六个构造板块相接，其中包括南美洲板块、非洲板块、太平洋板块和印度洋板块。这些板块边界处的运动多为分离型，也就是说，板块之间相互远离，而非靠近。

北美洲板块

北美洲板块位于北美大陆和大西洋之下，由一些地球上最古老的岩石构成。北美洲板块在与太平洋板块碰撞挤压的过程中，生成了绵延在北美西海岸的山脉。

南美洲板块

南美洲板块在七大板块中面积最小，位于南美洲大陆和大西洋的下方。南美洲板块的运动，生成了安第斯山脉。

板块边界

板块边界是指两个板块的交界处。灼热的地幔层的运动，引起板块朝不同的方向移动。

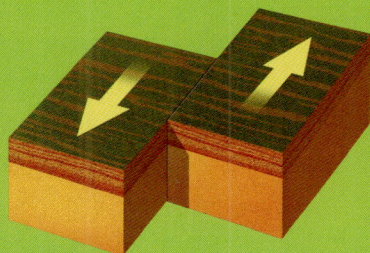

平移滑动

两个板块相向平移，擦身而过，形成转换断层边界。

相互分离

两个板块相互远离，地壳变薄，或者产生裂缝，形成分离边界。

相互碰撞

两个板块朝对方移动或撞击，形成汇聚边界。

断层线

就像骨头，岩层在非常大的压力下也会断裂。这些断裂又称断层线，总是出现在两个或多个构造板块相遇的地方。断层的三种主要类型是：正断层、逆断层以及平移断层。断层的类型取决于板块边界是分离、汇聚还是转换。无论是哪种断层类型，当断层线一侧的岩层碾压摩擦另一侧岩层时，地震就能发生。

正断层

正断层发生在分离型板块边界。由于板块拉伸分开，其中的一侧断层向下滑动。

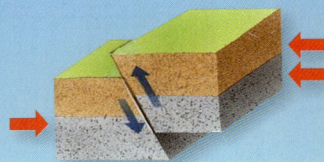

逆断层

逆断层发生在汇聚型板块边界。由于板块相互挤压，其中的一侧断层向上移动。

平移断层

北美板块和太平洋板块之间的边界，属于转换断层。大西洋板块朝西北方向运动，北美板块沿转换断层朝东南方向运动。

北 美

旧金山

洛杉矶

—— 太平洋板块边界
—— 北美板块边界

不可思议！

圣安德烈亚斯大断裂区有许多小的分支断层。它们造成了加利福尼亚地区每年有上千次的地震——其中有许多地震小到令人难以察觉。

环球断层线

地图不仅标示出环球断层线的位置，同时也标示出全球火山和地震的活动区域。振动可以极速传播，因此断层线以外数百公里的地区也能受到振动的影响。

北美板块

亚欧板块

太平洋板块

非洲板块

太平洋板块

索马里板块

南美板块

印度洋板块

纳斯卡板块

南极洲板块

图例

— 大转换型断层

⫢ 小转换型断层

— 板块边界

圣安德烈亚斯大断裂区

在过去的1.5亿年里，北美板块和太平洋板块反向移动了565千米。坚硬的岩层断裂开来，形成了长达1 290千米、部分地区深达16千米的圣安德烈亚斯大断裂带。造成该平移断层的地壳运动，也使得美国西海岸的山脉或向上隆起，或伸展开形成大峡谷。

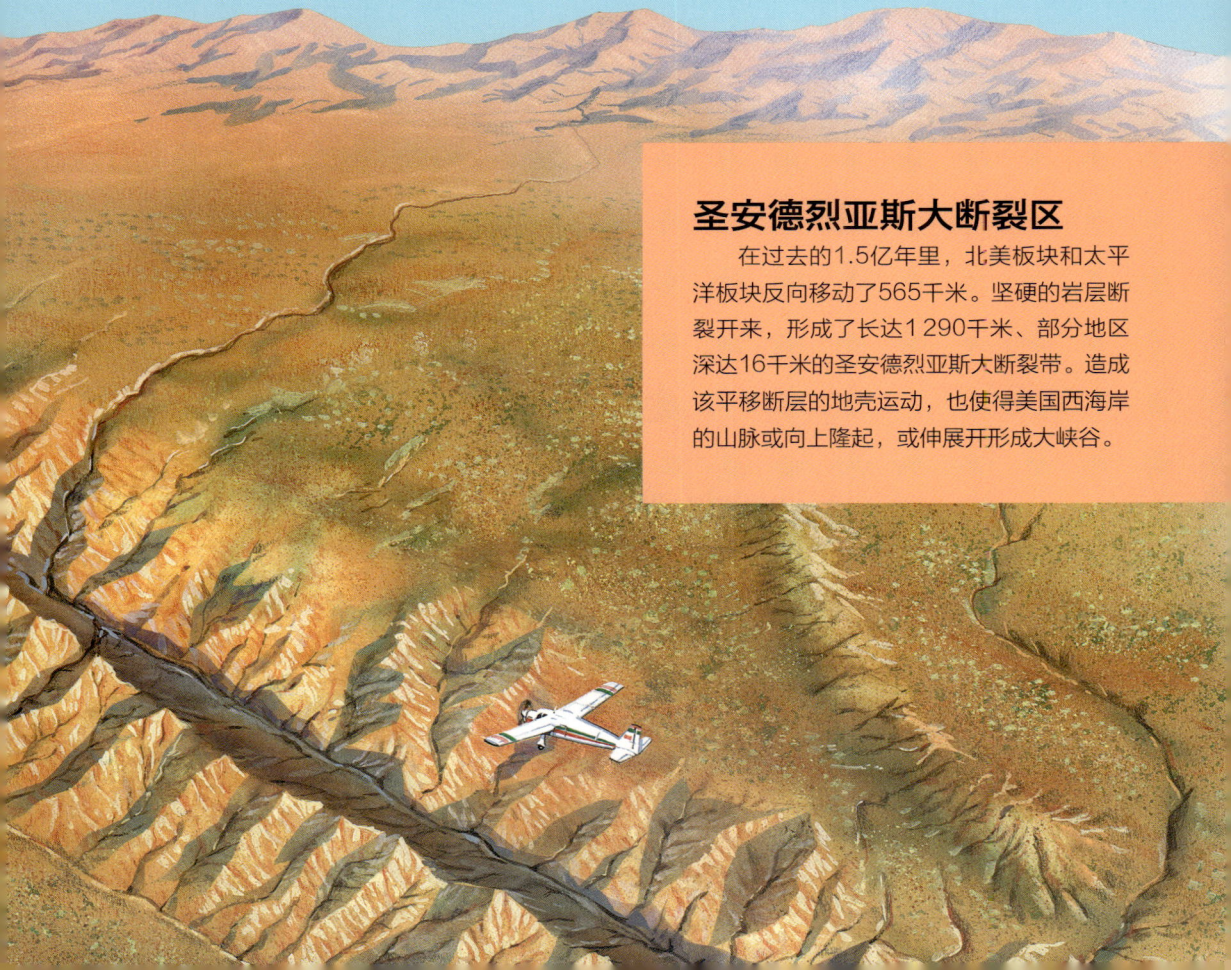

地震

断层线两侧的破裂岩层相互拉伸，压力也随之累积。当某一侧最终支持不住的时候，振动就出现了。累积的压力或能量的释放，伴随振动通过岩层传递，这就是地震。全球每年约发生 50 万次的地震，其中只有 10 万次的地震大到能被察觉，而仅有 100 次的地震会造成破坏。

你知道吗?

阿波罗号的宇航员将地震仪安在了月球上，用来监测"月震"活动。"月震"确实会发生，只是相比地震来说，其强度更小，频率更低。

它们怎么知道?

几个世纪以来，人们一直认为动物能够提前感知地震，因为震前它们的行为会变得反常。然而这种想法是否可靠，仍然还是个未知数。

反常的动物行为可能预示着地震即将到来。

电源

带电的电线可以使人触电而死。一旦电力中断（通常是大面积的中断），又会严重影响人们的正常生活。

破坏在继续

　　大地震发生后，有些破坏是即刻可见的。建筑物倒塌，桥梁垮落，一些道路还可能塌陷变成窟窿。然而，正是那些看起来并不太明显的破坏，会使得一连串的问题在接下来的几天或几周之内接踵而至：地震后的余震会使得受损的建筑坍塌，受灾城市的生活也会因此变得更加混乱不堪。

管道

　　亟需的淡水因供水管道遭到破坏而流失，燃气等输气管道的泄露则可能带来致命的危险。排水管道破碎污染还可能造成疾病的传播。

道路

　　裂开以及凹陷的道路，使得应急救援无法抵达地震受灾区。

震级度量

现 在有两种度量地震烈度或级别的方法。根据目击者的报告，可以通过"修正麦加利地震烈度"度量地震对周围环境的影响。因为这种度量方式仅依靠目击者的报告，所以不需要其他设备。"里氏震级"则使用地震仪对地震强度做物理测量。相比于"麦加利地震烈度"，"里氏震级"的度量方法更加客观。

古代地震仪

中国古代张衡发明的"候风地震仪"由固定底座和可以自由摆动的加重"钟摆"组成。地震发生，"钟摆"摇晃，一颗铜球从龙嘴吐出，落入下方的蛤蟆口中。现代地震仪依据的是类似的原理，不同之处在于它用固定在吊锤上的笔把冲击波记录在转鼓上的纸上。

修正麦加利震级

1902年的麦加利地震烈度只有十个度量级。它在1931年又增加了两个度量级，共有十二个度量级，这就是我们今天使用的"修正麦加利地震烈度"。

I度 人无法觉察到大地运动。

II度 少数在室内躺卧或是身在顶楼的人感觉到振动。

III度 许多身在室内的人感觉到振动；悬挂物摇晃摆动。

IV度 多数室内的人有震感；窗户晃动；停放的车辆摇动。

V度 几乎每个人都有震感；睡觉的人被惊醒；碗碟碎裂；大树摇摆。

VI度 所有人都有震感；行走困难；物体纷纷掉落；屋顶石膏破裂。

VII度 站立困难；车辆摇晃；疏松的砖块掉落；建筑物轻度受损。

VIII度 无法驾驶车辆；房屋地基移动；烟囱倾倒；小山丘开裂。

IX度 建筑物发生重大损坏；地下管道破裂；大地出现裂缝。

I　II　III　IV　V　VI　VII

里氏震级

　　"里氏震级"用来度量所能记录到的最大水平地震力的强度（或振幅）。对于"里氏震级"的每个数字，记录的振幅均以10倍级数递增。里氏2级地震的振幅为里氏1级地震振幅的10倍。

里氏1~2级
　　只有靠近震中的地震仪能探测。

里氏2~3级
　　靠近震中的一些人或许能察觉。

里氏3~4级
　　感觉到轻微振动；灯具摇摆；鲜有破坏。

里氏4~5级
　　感觉到较强振动；窗户破碎；建筑物受损。

里氏5~6级
　　感觉到极强振动；人们惊慌失措；建筑物墙体开裂。

里氏6~7级
　　大地剧烈震动；烟囱倾倒；部分建筑物倒塌。

里氏7~8级
　　大地开裂；有更多的建筑物轰然倒塌；恐慌广泛蔓延。

里氏8~9级
　　大规模的破坏；桥梁坍塌；铁轨和道路扭曲弯折。

X度 建筑物地基遭到破坏；山体滑坡；桥梁坍塌；铁轨扭曲弯折。

XI度 建筑倒塌；桥梁和管道损毁；大地出现大裂缝。

XII度 近乎彻底的摧毁；重物被抛入空中；大地呈波浪状运动。

VIII　　　IX　　　X　　　XI　　　XII

地震救援

震后的第一要务，是确定被掩埋的幸存者的位置，如果不能及时发现他们，他们就会死去。然而，许多倒塌的建筑并不稳固，可能会进一步垮塌。燃气管道破裂引燃的熊熊烈火，时常在震后出现，余震更是让救援工作难上加难。对于被掩埋的幸存者来说，拥有地震和震后救援知识、训练有素的救援队伍，是他们的理想救星。

不可思议！

2010年海地大地震后，43个国际搜救队、1750名训练有素的救援人员以及161只搜救犬从世界各地飞抵灾区。

搜救犬

犬类比人类有着更好的嗅觉。在地震和其他自然灾难发生后，它们会参与搜救。搜救犬需要在模拟的震后环境中进行特殊训练。

这只搜救犬正在搜寻地震中的幸存者

听音

高敏感度的传声器能够检测到废墟下方最轻微的声响，还能够精确定位幸存者的位置。

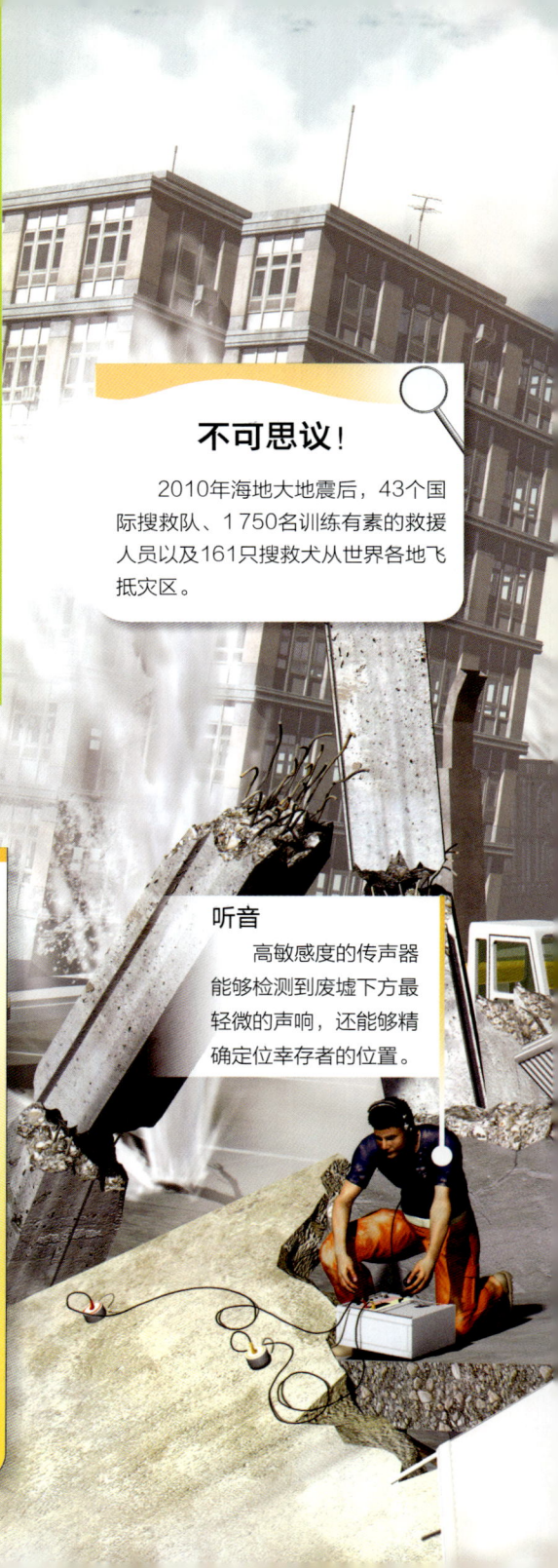

救援设备

搜救队伍知道，受伤、缺氧或是建筑物进一步垮塌，都会减少埋在下面的幸存者生还的几率。他们必须快速而小心地行动。寻找幸存者的专业搜救技术、人员以及相关设备等通常得由其他国家空运支援。

地下摄影机

带有图像传输线的摄像机，可以拍摄瓦砾下方的具体情况，看看是否有人幸存。

担架

一旦确定了幸存者的位置，担架会火速送到该地点。

探测呼吸

专业设备可以探测人呼出的二氧化碳，如果还能被测出二氧化碳，就意味着瓦砾下方仍然有幸存者。

建筑物设计

今天，地震学家、建筑师和工程师相互协作，努力研究新的建造方法，以增强建筑物的抗震能力。全新的建造技术使得建筑物能够吸收地震的部分能量。刚性建筑物容易破裂和倒塌，反倒是可摇摆和移动的建筑物，更有可能在地震中安然矗立。

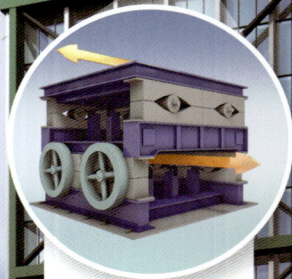

平衡重物

重物向相反的方向移动，使建筑物保持平稳。

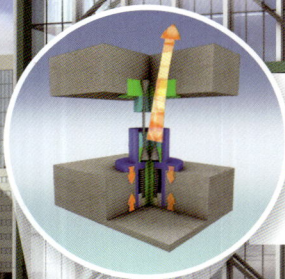

强力支柱

强力钢筋混凝土支柱，可以抵御地震的冲击。

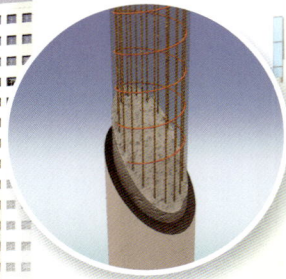

反弹

建筑物与地基之间的特殊连接，使建筑物能够反弹减震。

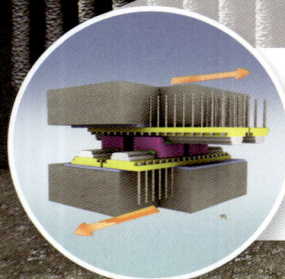

滑块

地基中的滑块让建筑物能够水平移动，避免建筑物的过度拉伸和破裂。

隧道

燃气管道、电线、水管和电话线路在建筑物下方的加固隧道内受到了保护。

不倒的建筑

　　日本的许多佛教宝塔，经历了上百次的地震后，仍完好无损，安然伫立。这是因为当地震袭来时，宝塔的中央立柱吸收了大量的冲击。宝塔的五层彼此完全分离，稍带弯曲地依中央立柱而建，如同大树的枝干围绕主干生长一样。

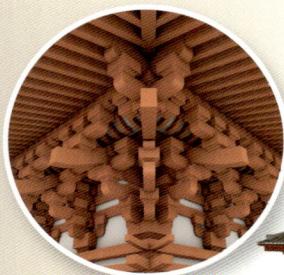

活动接合

　　木料的接合无需钉子而能自然嵌合。因为它们的接合并非刚性，所以在地震中也就不会裂开。稍稍晃动之后，它们就又回到了原来的位置。

防震准备

地　　震学家知道地震相对有可能发生的区域。地震发生后，他们能够测量相应的数据，但却无法精确预测地震将要发生的时间和地点。居住在地震频发地区的人们，必须提前准备，以防万一。全新的建筑技术以及个人或公共建筑物的仔细选址，可以最大程度地减轻破坏，减少地震中倒塌房屋的数量。只有这样，才能挽救更多生命。

居家安全

　　对于居住在地震带的人们来说，为下一次大地震的到来做好准备是非常重要的。在学校里，许多儿童都必须接受地震安全教育。

固定家具

　　地震期间，固定在墙上的家具不会砸到任何人。

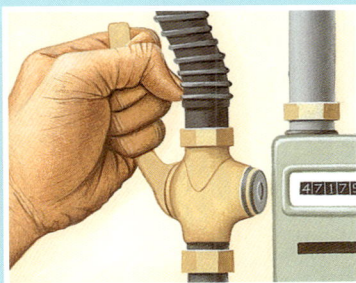

关掉燃气

　　破裂管道泄露的燃气可以爆炸或是造成窒息，这就是要关掉燃气的原因。

寻找庇护

　　选择远离窗户的结实家具来寻求庇护，它们能够保护人们不被掉落的砖石砸伤。

历史上著名的地震

有些地震是令人难忘的。有史以来最有名的地震，它们的里氏震级并不一定是最高的，但震后引发的一系列灾难性事件，却令人印象深刻。海啸或是熊熊烈火造成的死亡和破坏，通常比地震本身更严重。有时，一场地震或是随之而来的余震的影响，会波及到全球很多国家，因此人们更难以忘记。

葡萄牙里斯本地震
1755年11月

里斯本大地震持续时间不到10分钟，却波及了整个欧洲。随之而至的大火和海啸让六万多人丧生。1755年以前，地震被看做是上帝授意的天灾，里斯本大地震造成的毁灭和死亡，催生了欧洲的地震科学研究。

震中
震中在距离里斯本190千米处的大西洋近海。

海啸遇难者
半小时后登陆的巨大海啸，吞没了众多地震中的幸存者。

家园受损

　　凌晨五点的时候，多数人呆在家里，地震突然袭来。相比木制房屋，砖瓦房屋受到的损害更加严重。

烈焰肆虐

　　地震之后的许多火灾，多因烧煤和烧木头的炉子翻倒而引发。震后没有垮塌的木质房屋，继而成为使烈火蔓延的燃料。

波纹效应

　　圣安德烈亚斯断层带全线均有震感。

美国旧金山地震
1906年4月

　　发生在1906年的旧金山地震持续时间不到一分钟，但损毁了大量的建筑物，损毁的建筑物多数修建在地壳不稳固的地方。此次地震堪称美国历史上最严重的自然灾害。尽管官方公布的死亡总人数是478人，但据估计，地震以及震后大火中丧生的总人数超过6 000人。

不可思议！

　　1906年旧金山震后发生的许多火灾中的一场火灾，仅因一个炉子和一个受损的烟囱而导致。这场火灾破坏了该城市的30个街区。

赫布根湖

　　偏远的赫布根湖位于蒙大拿州与怀俄明州州界附近的麦迪逊河。

美国赫布根湖地震
1959 年 8 月

　　这场里氏 7.5 级、发生在美国蒙大拿州的强烈地震，因几个断层带的同时运动而引发。地震袭击了人口稀少的乡村地区，因而死亡人数较少。然而，赫布根湖附近的自然景观被永久地改变了：大面积的山体滑坡堰塞了麦迪逊河，形成一个新的湖泊；蒸汽口侵蚀了一些地壳的裂缝，形成新的间歇喷泉；一些新的陡峭崖面，也因此显露出来。

　　美国西部的九个州以及加拿大的三个省，在赫布根湖地震中均有震感。

初震

　　沿着赫布根湖原有的东北断层，地震振动将岩层向上推升了 6 米之多。断层另一侧岩层下降了近 3 米。

变化后的景观

　　这次地震持续的时间不到 45 秒，可它释放的能量巨大无比。地震激活了沿湖泊北面的几个大型断层的运动，以及南面许多小型断层的运动。一些地区被震动推升，下降，甚至下陷。

瞬即效应

　　地震振动让陡峭的麦迪逊峡谷南侧变得松动，造成山体滑坡，阻断了峡谷。湖底的基岩翘曲，使得湖泊水面晃荡作响，出现浪涌，又称湖震。

罗克里克露营地

清晨6点37分，地震突袭了麦迪逊河边的罗克里克公共露营地，那时的露营者们大多还在沉睡。地震引发了大规模的山体滑坡（又称山崩），岩石和土壤从麦迪逊河峡谷倾斜滑落。滑坡掩埋了露营地，28名露营者不幸死亡。

新景观

山体滑坡带来的共计3.3亿立方米的岩石、土壤和树木，在河流中间形成一道屏障。接下来的几周，在屏障后侧形成了一个深53米的新湖泊。这类湖泊称作震动湖或地震湖。

断层悬崖

这里看到的浅棕色夹层是新断层悬崖（又称悬崖线）。因断层一侧的岩石层下滑，而在地震区域出现了新断层悬崖。

日本神户地震
1995 年 1 月

神户地震震级为里氏 6.9~7.3 级，持续时间仅 20 秒，但却造成了巨大的破坏。尽管日本其他地区早有抗震预防，但是神户港却不在高危城市之列，建筑物和桥梁并没有按照抗震的标准来建造，因此地震造成了巨大损失：6 000 多人不幸遇难，30 万人流离失所。这次地震造成的损失，从整个地震历史上来看，也是相当严重的。

震中

神户地震的震中位于淡路岛附近，距城市 20 千米。

高速公路损坏

对于架高的阪神高速公路来说，这次20秒的震，足已使10个独立的桥体单元垮塌。加固的混凝土高架立柱，也没能抵御住地震波的冲击。

震前

每个混凝土柱支撑着上方的重量，其内部由垂直方向的钢筋浇铸而成。

破裂

强烈的水平运动使混凝土破裂，破坏了混凝土和钢筋间的结合。

崩塌

伴随着混凝土结构的破碎，全部重量转移到钢筋上，钢筋随即弯曲。

震中

　　这次地震的震中位于印度尼西亚的班达亚齐东南250千米处。

苏门答腊–安达曼地震
印度洋
2004 年 12 月

　　几个世纪以来，最严重的自然灾害之一，由发生在 2004 年 12 月 26 日的里氏 9.1 级的苏门答腊–安达曼地震引发。在印度尼西亚附近的印度洋海底，一个地震板块滑到另一个地震板块下方，造成了这场大型逆冲地震。在 15 分钟到 7 个小时的时间之内，致命的海啸袭击了 11 个国家，225 000 人不幸遇难。

班达亚齐

　　印度尼西亚的班达亚齐是唯一因地震本身而严重受灾的城市。地震持续了近5分钟，远远超出了其他地震的时长。传统的木结构的、两层以下的房屋安然度过了地震，但几乎所有三层以上的房屋都遭到了摧毁。

海啸的形成

　　海洋下方的地震振动推升了海底。大量海水离开原来的位置，从震中向四周涌去。

平静被打破

　　在平静的海上，海啸突然形成，海浪急速奔涌。

海水消退

　　港湾和浅滩的海水，卷入海啸后即刻消退。

海啸来临

　　海啸袭击海岸时，海浪可高达30米。

海地地震
2010 年 1 月

海地的里氏 7.0 级地震，发生在北美洲板块与加勒比板块交界处的一个平移断层上。随之而来的是 59 次里氏 4.5~6.0 级的余震。对于海地首都太子港以及海地南部地区来说，这场灾难是毁灭性的，50 多万人不幸死亡或受伤。

太子港

地震袭击了海地首都太子港西南25千米处。

临时帐篷

　　太子港人口密度较高。地震摧毁或损坏了近30万户住房，100多万人无家可归。临时帐篷在公园和开阔地随处可见。

你知道吗?

　　里氏7.0级的海地地震释放出来的能量，只是里氏9.1级的苏门答腊-安达曼地震释放出来的能量的百分之一。

破坏

　　实际的地震中心，又称震源，在地壳下方仅10千米处，袭击海地前的地震能量，几乎没有被地壳吸收，这就是海地地震造成破坏和损毁如此严重的原因。

2.美国阿拉斯加州，威廉王子湾

日期：1964年3月28日

里氏震级：9.2

麦氏震级：XII

死亡人数：130

北 美 洲

8. 美国阿拉斯加州，拉特群岛

日期：1965年2月4日

里氏震级：8.7

麦氏震级：XII

死亡人数：无

7.厄瓜多尔—哥伦比亚近海

日期：1906年1月31日

里氏震级：8.8

麦氏震级：XII

死亡人数：接近1 500

南 美 洲

全球超级大地震

许多超级大地震发生在 1900 年以前，其中包括 1556 年发生在中国陕西华县的特大地震——造成了超过 83 万人死亡，以及 12 世纪发生在叙利亚的大地震——造成 23 万人死亡。然而，直到 20 世纪，我们才能够准确地测量地震的震级。这张地图显示了自 1900 年以来，里氏震级在 8.5 级以上的 10 次最强烈地震的日期、地点以及遇难人数。

6.智利，马尔莱近海

日期：2010年2月27日

里氏震级：8.8

麦氏震级：XII

死亡人数：超过700

1.智利，瓦尔迪维亚

日期：1960年5月22日

里氏震级：9.5

麦氏震级：XII

死亡人数：1 655

全球每年约发生 50 万次地震，大多数发生在洋底或无人区。

欧 洲

非 洲

亚 洲

大洋洲

5. 前苏联，堪察加半岛

日期：1952年11月4日

里氏震级：9.0

麦氏震级：XII

死亡人数：未见报道

10.印度阿萨姆邦

日期：1950年8月15日

里氏震级：8.5

麦氏震级：XII

死亡人数：至少1 500

4.日本，宫城县北部

日期：2011年3月11日

里氏震级：9.0

麦氏震级：XII

死亡人数：14 063、失踪13 691

3.印度尼西亚，苏门答腊一安达曼

日期：2004年12月26日

里氏震级：9.1

麦氏震级：XII

死亡人数：228 000

最强烈地震前十名：

1. 智利，瓦尔迪维亚
2. 美国阿拉斯加州，威廉王子湾
3. 印度尼西亚，苏门答腊一安达曼
4. 日本，宫城县北部
5. 前苏联，堪察加半岛
6. 智利，马尔莫近海
7. 厄瓜多尔一哥伦比亚近海
8. 美国阿拉斯加州，舒曼雅岛
9. 印度尼西亚，苏门答腊岛北部
10. 印度阿萨姆邦

9. 印度尼西亚，苏门答腊岛北部

日期：2005年3月28日

里氏震级：8.6

麦氏震级：XII

死亡人数：1 300

知识拓展

余震 (aftershock)
因地震板块继续移动以适应新的位置，地震主震之后的一次或多次地震。余震震级相对主震震级较小，可持续数周、数月，甚至几年之久。

振幅 (amplitude)
振动物体离开平衡位置的最大距离叫振动的振幅。地震的振幅即为地震仪记录的地震振动的波高。

软流圈 (asthenosphere)
指地壳岩石圈以下的圈层，在地表以下70~100公里至地下1000千米之间，位于地幔上部。

汇聚边界 (convergent boundary)
是两个相互汇聚和消亡板块间的边界，俯冲带和海沟是它最典型的代表。

地核 (core)
地球四个岩层中最深处的岩层，地核是地球的中心，内核为实心固体，外核是灼热的流体。

地壳 (crust)
地球最上面或者说最外部的岩层。它的厚度不一，大陆下方的岩层厚度达海洋下方的岩层的9倍。

分离边界 (divergent boundary)
极其缓慢地远离对方的两个板块的相接处。

震中 (epicenter)
震源在地表的投影点。震中并非一个点，而是一个区域。

断层 (fault)
地壳岩层因受力达到一定强度而发生破裂，并沿破裂面有明显相对移动的构造称断层。

间歇喷泉 (geyser)
经过地层深处高温岩石灼热，从地表向外喷射水流和蒸汽的喷泉。

震源 (hypocenter)
地球内部岩层破裂引起振动的地方称为震源。

地貌 (landform)
地表任何岩石和土壤组成的自然形态，包括大型的山脉、高原和平原，以及小型的山峦和山谷。

岩石圈 (lithosphere)
地壳岩体的实心岩层，包括地壳的全部和上地幔上部。

岩浆 (magma)
地表下方熔融或者部分熔融的岩石。岩浆从火山口喷出到达地表，称作熔岩。

震级 (magnitude)
通过"修正麦加利震级"或"里氏震级"数来度量和表示的地震烈度。

地幔 (mantle)
位于地壳和地核之间的岩层，其中有灼热的坚硬岩石，也有熔融的浆状岩石——岩浆。

大型逆冲地震 (megathrust earthquake)
某一构造板块向另一板块俯冲时，巨大压力累积所引发的强烈地震。

麦加利震级 (Mercalli scale)

是由朱塞佩·麦加利于19世纪晚期发明的度量地震强度的方法。今天人们使用的是"修正麦加利地震烈度"，此方法通过现场目击者的描述来度量地震的强度。

熔融 (molten)

温度升高时，分子的热运动能增大，导致结晶破坏，物质由晶相变为液相的过程。

正断层 (normal fault)

地质构造中断层的一种。是根据断层的两盘相对位移划分的。断层形成后，上盘相对下降，下盘相对上升的断层称正断层。正断层在地形上表现显著，多形成河谷、冲沟和湖泊等。

逆断层 (reverse fault)

是地震构造中断层的一种，为上盘上升，下盘相对下降的断层，主要由水平挤压而形成。至于断层，则是地下岩层受力达到一定强度而发生破裂，并沿着破裂面有明显相对移动，这是引发地震的主要原因。

里氏震级表 (Richter scale)

是查尔斯·里希特1935年创制的地震量表。通过地震仪提供的数据，用数字1~10分级度量地震强度。

断层悬崖 (scarp)

断层运动产生的沿着高原边缘分布的峭壁或是陡崖。

湖震 (seiche)

湖泊的水波并不横向传播，只上下波动，又称驻波。驻波可以由包括地震在内的许多事物引起。湖泊驻波运动在地震结束后仍然可能持续。

地震仪 (seismograph)

监测、记录、测量地震烈度的设备。

地震学家 (seismologist)

研究和记录地震与火山活动的科学家。

平移型断层 (strike-slip fault)

两面岩石墙水平滑动或碾磨，相对地左行平移或右行平移。

构造板块 (tectonic plates)

地壳庞大而厚实的板块，水平或垂直地移动在上地幔下部的流体上。

转换断层边界 (transform fault boundary)

构造板块间的边界，板块相互错动地水平滑动或滑移。

海啸 (tsunami)

由风暴或海底地震造成的海面恶浪并伴随巨响的现象。是一种具有强大破坏力的海浪。

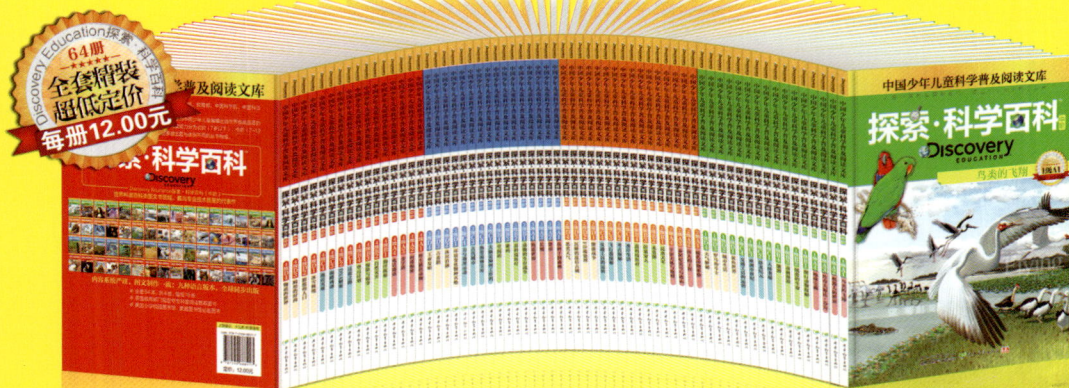

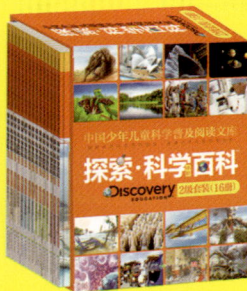